原子的冒险

〔日〕加古里子 / 著
金海英 / 译

北京科学技术出版社

1.分子的发现

太郎要开始做实验获取**分子**了。

花子将担任本次实验的助手。

波波和米可在旁边半信半疑地看着他们。

首先，太郎往一个杯子里倒满干净的水，然后小心翼翼地将杯子中一半的水倒入另一个杯子。

接着，他又把剩下的水的一半倒入第三个杯子。

原来，太郎打算以这种方式将一杯水越分越少。

花子找来了家里所有的容器。

太郎也在抓紧时间不停地把水分到小一些的容器中。

和最初满满的一杯水相比，现在容器里的水明显少了很多，简直快没了。但是离完成**获取分子的实验**还差很远。

大家不要着急喊累，一起耐心地看下去吧！

一半的一半、一半再分出一半，再分出这一半的一半，还要再分出一半，还要分出一半，还要分……

就这样一直分着。波波和米可也在旁边为他们加油。这个实验到底要做到什么时候呢？

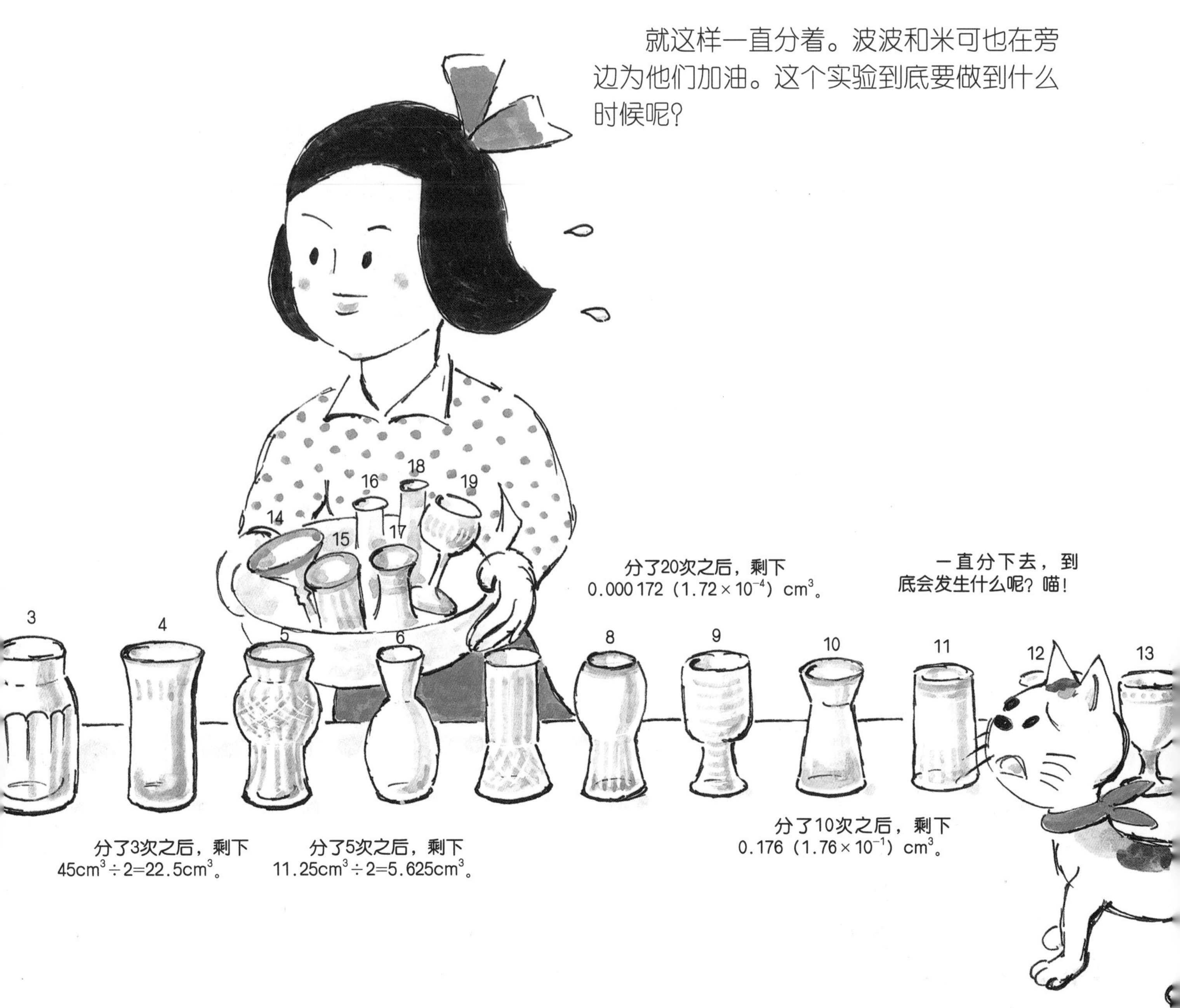

10次、20次、30次……太郎，辛苦了！

花子也累了。

就这样，分了40次、50次、60次……

分到第82次的时候，剩下的水的体积大约为0.000 000 000 000 000 000 000 037cm^3。

这么多“0”，写起来真麻烦！干脆写成 3.7×10^{-23}cm^3*吧！

现在，我们终于得到了一个小“**微粒**”，即构成水这一物质的“**分子**”。

“万岁！”

太郎雀跃欢呼，花子已经精疲力竭，波波和米可在旁边为他俩拍手祝贺。

* $0.1=\frac{1}{10}=10^{-1}$（10的−1次方）；$0.01=\frac{1}{100}=10^{-2}$（10的−2次方），所以$0.03=3\times\frac{1}{100}=3\times10^{-2}$（3乘以10的−2次方），而$0.003=3\times10^{-3}$。怎么样，现在知道$3\times10^{-23}$的意思了吧？

分了30次之后，剩下
0.000 000 168（1.68×10^{-7}）cm^3。

（第20～29个容器没画哦！）

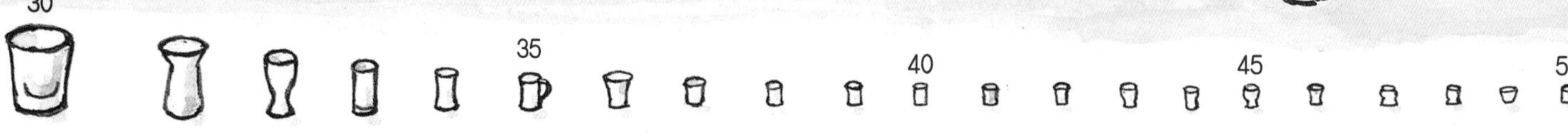

分了40次之后，剩下
0.000 000 000 164（1.64×10^{-10}）cm^3。

好棒啊！

分了50次之后，剩下
0.000 000 000 000 160（1.60×10^{-13}）cm^3。

其实，太郎的实验只有在理想条件下才能成功。即使小朋友们比太郎和花子更认真、更喜欢做实验，也很难将越来越少的水一直精确地对半分下去。所以，很遗憾，这个关于分子的探险实验在现实中单凭人力是无法完成的。

不过，虽然没法在现实生活中将实验一直继续下去，但我们可以在脑子里凭自己的想象把实验做完。目前，借助先进的实验装置，人们真的可以获取分子哦！

就这样，我们获取了构成水这一物质的分子。

所以，太郎的实验证明了水是由一种**小微粒——水分子**聚集而成的。

经过进一步实验我们发现，原来这些小微粒不仅能构成物质，还能保持物质的化学性质。

55 60 65 70 75 80 82

分了60次之后，剩下
0.000 000 000 000 000 156（1.56×10^{-16}）cm^3。

分了70次之后，剩下
0.000 000 000 000 000 000 153（1.53×10^{-19}）cm^3。

分了80次之后，剩下
0.000 000 000 000 000 000 000 149（1.49×10^{-22}）cm^3。

分了82次之后，剩下
0.000 000 000 000 000 000 000 037 2（3.72×10^{-23}）cm^3。

（准确地讲，要想得到1个水分子，得连续分82次水。）

太郎通过实验发现的水分子究竟是什么形状的呢？通过研究，科学家们发现它很像小熊——一个大球带两个小球。

水分子的形状

当然，小朋友们也可以将它倒过来看，把它想象成大瘤子爷爷（日本童话中的人物）。

两种球中的大球是氧原子，小球是氢原子。*

* 空气中氧气约占20%，我们必须呼吸氧气才能活着。没有氧气的话，燃烧这种现象也不会发生。
氢气是最轻的气体。宇宙中90%以上的物质的成分是氢。氧原子和氢原子本身都不稳定，它们结合成分子才能稳定地存在。

我们只要知道某种物质是由分子构成的，这种分子又是由哪几种原子构成的，就能像太郎和花子一样，掌握关于这种分子的三方面的知识：

① 它由哪几种原子构成?

② 每种原子的数量各是多少?

③ 结合成的分子是什么形状的?

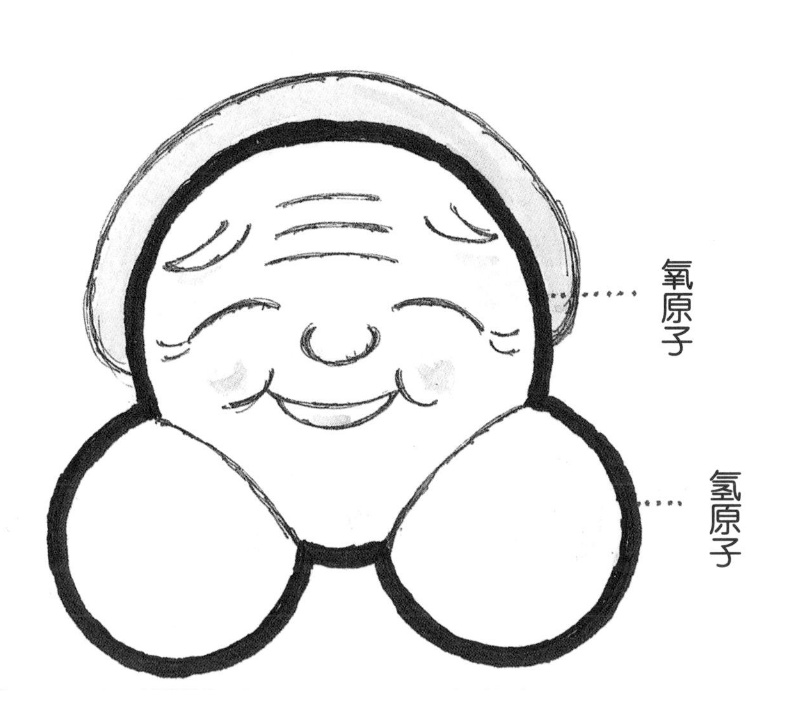

水分子的直径约为0.000 000 04cm，也就是4×10^{-8}cm左右。10^{-8}cm为1Å（埃），所以水分子的直径约为4Å。

虽然太郎和花子做实验累得筋疲力竭，但是他们学到了以下知识：

① 水分子是由氧原子和氢原子构成的。

② 它是由1个氧原子和2个氢原子结合而成的。

③ 它的形状像小熊，也像大瘤子爷爷。

2.原子的冒险

除了太郎和花子做实验用的水之外，还有很多物质是由分子构成的。

我们呼吸的空气中含的氧气、氮气，以及用于自来水消毒的氯气等，都是由分子构成的。*

此外，妈妈在厨房里用的煤气中含的甲烷和丙烷，以及爸爸喝的啤酒或红酒中含的乙醇等，也是由分子构成的。**

* 跟氧原子和氢原子一样，氮原子和氯原子也不稳定，需要结合成分子才能稳定地存在。空气中氮气约占80%。氯气具有杀菌的作用，有强烈的刺激性气味，对人体有害。所以将它用于自来水消毒时，应适当减少用量，以免对人体造成伤害。

**达到一定温度（燃点）时，甲烷和丙烷会和空气中的氧气发生化学反应燃烧起来。
喝酒会醉是因为酒中含有乙醇。

但是，并非所有物质都是由分子构成的。

例如，经过进一步的研究，人们发现铁、铝、金、银、铜、锡等金属的原子排列得井然有序。

这些物质是原子构成的。

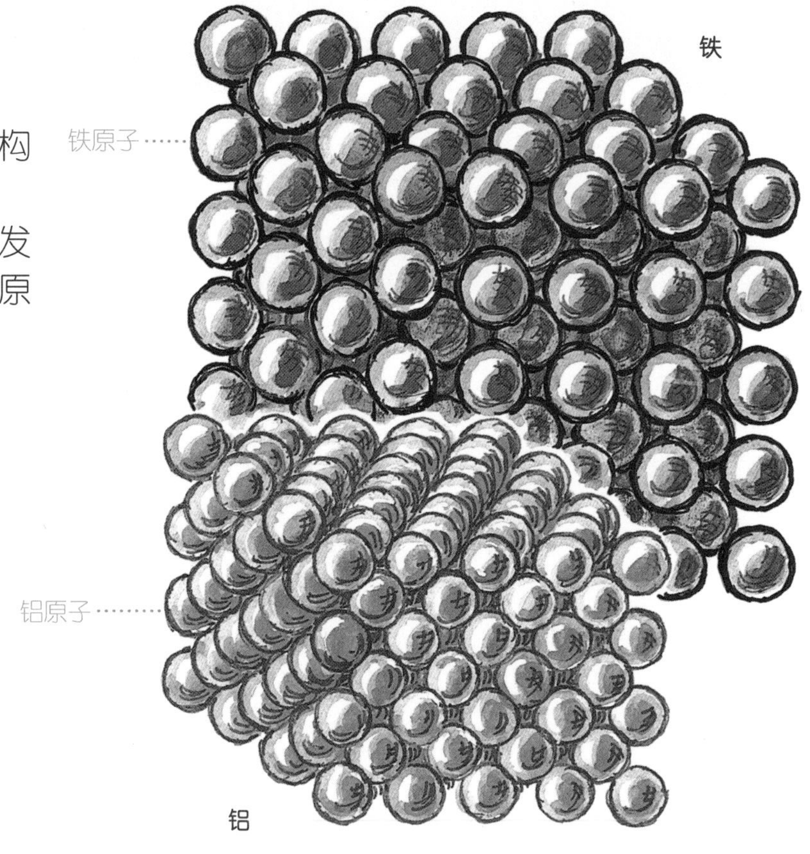

食盐 氯离子和钠离子交错排列，形成晶体（如下图）。

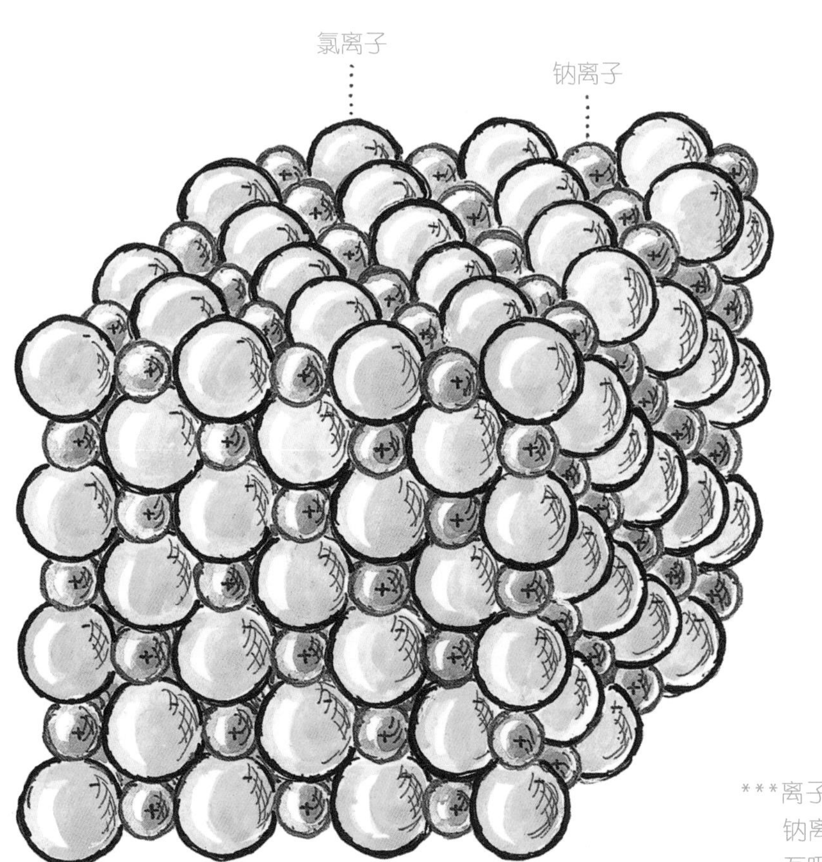

食盐以及实验中常用的氢氧化钠，既不是由分子构成的，也不是由原子构成的。原来，它们是由离子***——原子失去或得到电子后形成的带电微粒——构成的。

一言以蔽之，物质由分子、原子或离子构成。

***离子有两种：带正电荷的正离子和带负电荷的负离子。钠离子是正离子，氯离子是负离子。正电荷和负电荷相互吸引，形成食盐（氯化钠）晶体。

但是，无论分子还是离子，本质上都是由原子构成或变成的。所以，我们可以说物质实际上是由各种不同形式的原了构成的。↗

下面，让我们一起画个表，汇总一下前面出现过的原子吧！

很久以前，化学体系尚未建立，炼↗

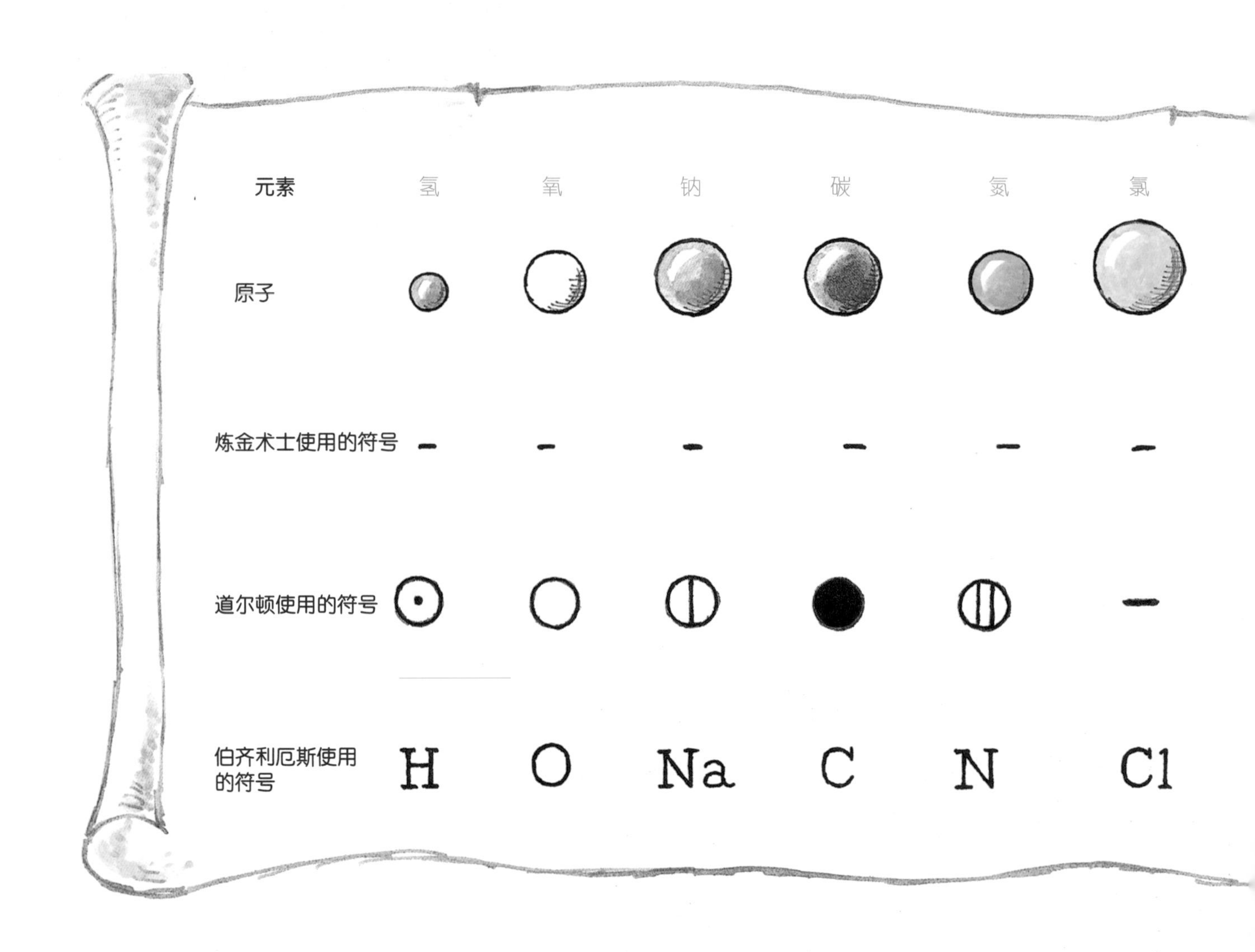

瑞典化学家伯齐利厄斯**摒弃了道尔顿使用的圆圈，直接用元素拉丁语名称的首字母来表示它们。

首字母相同时，就加上第2个字母来区分；第2个字母相同时，就加第3个……

这种方法简单方便，后来被世人广泛↗采用。

如此一来，人们表示氢时用H代替⊙，表示氧时用O代替○，表示碳时用C代替●。那么，水分子⊙○⊙就可表示为H_2O，二氧化碳○●○就可表示为CO_2。↗

金术士们在尝试将铅、铜等金属炼制成“金”的过程中，曾使用各种神秘的符号来表示各种物质。

英国化学家道尔顿*使用的是圆形符号。但随着元素的种类越来越多，单用圆形符号已经很难表示所有元素了，于是他决定在圆形符号里面加上这些元素英文名称的首字母以便区分。

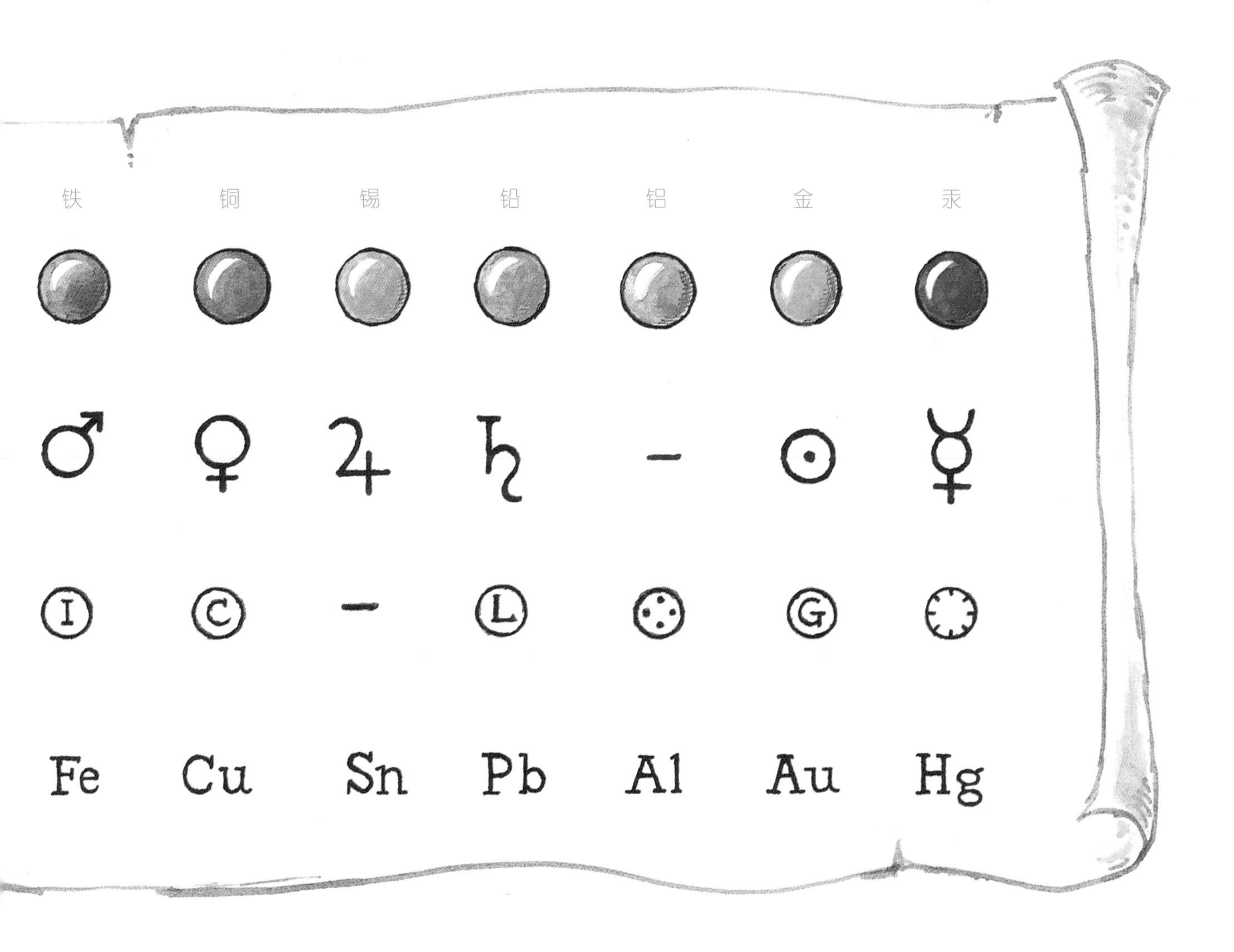

这种符号系统一直沿用至今，世界各国的自然科学书籍以及理科老师们都在使用它们。人们用这种通用的“语言”来进行科学研究。

*道尔顿（1766—1844）：仅上过小学，后自学成才，主要从事化学和物理学研究，他的研究成果为近代化学的发展奠定了基础。

**伯齐利厄斯（1779—1848）：起初学医，后从事化学研究，精确测定了很多原子的原子量，为化学的发展做出了杰出的贡献。

随着研究的不断深入，人们发现了更多较为复杂的物质，于是在使用元素符号和原了个数表示它们时就遇到了一个问题。

例如——

爸爸妈妈喝的啤酒和红酒中含有乙醇，它的分子式是C_2H_6O。

请注意观察：具有麻醉作用的二甲醚的结构式见图（1）；啤酒和红酒中所含乙醇的结构式见图（2）。

乙烷的分子式是C_2H_6，结构式见图（3）。

不过，人们发现乙烷分子以中间的横线（单键）为轴，像车轮或旋转台一样在不停地旋转。

（1）

二甲醚
C_2H_6O（结构简式为CH_3OCH_3）

（2）

乙醇
C_2H_6O（结构简式为C_2H_5OH）

聚乙烯是一种塑料，其分子由很多原子结合而成，分子式是$C_{1000\sim10000}H_{2000\sim20000}$。

但是它的结构式并非如图（4）那样是垂直的，而是如图（5）所示，像被上下挥舞的跳绳一样呈波浪状。

（3）

乙烷
C_2H_6（结构简式为CH_3CH_3）

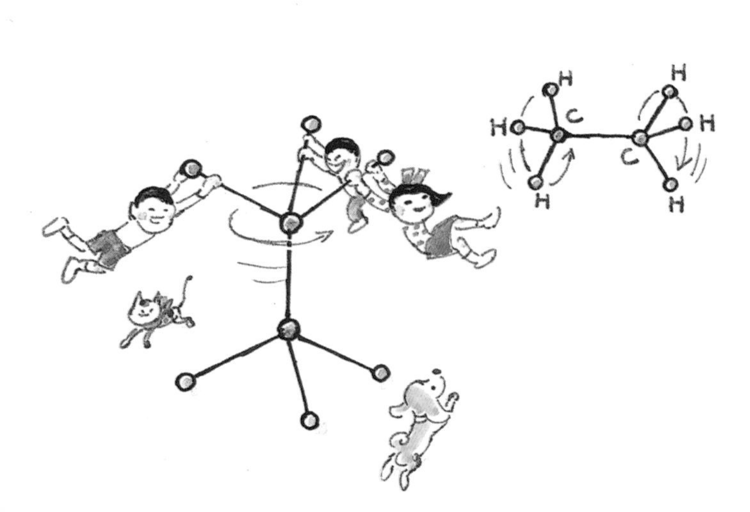

（4）

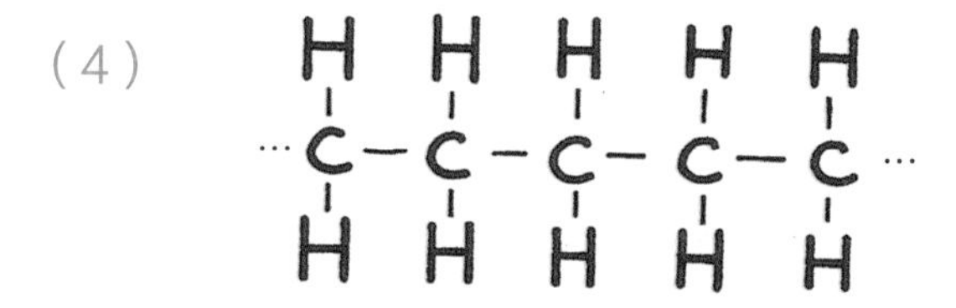

聚乙烯

（5）

环己烷是涂料工业中常用的一种溶剂，它的分子式是C_6H_{12}。

图（6）是这种液体的分子结构式，它仿佛手拉手一般呈环形。化学家们起初设想它的结构可能有两种——椅式和船式，后来发现实际上只有椅式这一种。

酸奶里含乳酸。这种酸性物质的分子式是$C_3H_6O_3$，结构式见图（7）。人们发现它的结构有两种，而且一种是另一种的镜像。

（6）

环己烷

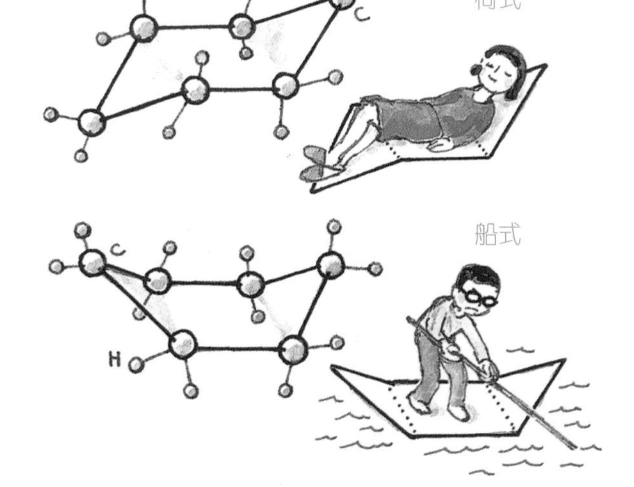

（7） 乳酸

$C_3H_6O_3$

[结构简式为$CH_3CH(OH)COOH$]

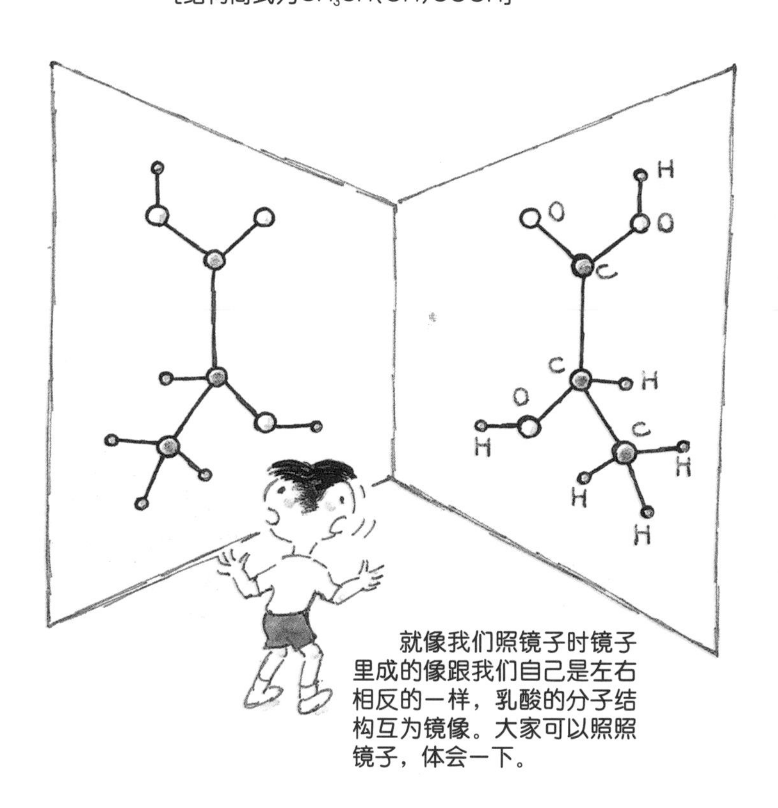

我们可以通过元素符号轻松地区分不同的原子，并且了解物质的构成方式。

但是，如果原子们像淘气的孩子在玩游戏一样拉着手蹦蹦跳跳，或者构成了较为复杂的组合，那么单凭元素符号就很难准确地表示原子之间的结合方式了。

于是——

科学家们以及那些为了研发新的化学产品而通过连接或分开分子、原子以促使化学反应发生的人不仅使用元素符号，还利用分子模型来帮助研发顺利进行。

他们利用模型研究原子或分子的连接方式，从而研发出新的化学产品。

大家应该见过这种分子模型吧？

通过连接和组合原子制作分子模型跟我们平时玩积木或插球很像哦！

在获取分子的实验中被充分调动积极性的太郎和花子，也开始尝试制作分子模型。

波波和米可在旁边感叹：原来做实验这么有趣、这么令人开心啊！

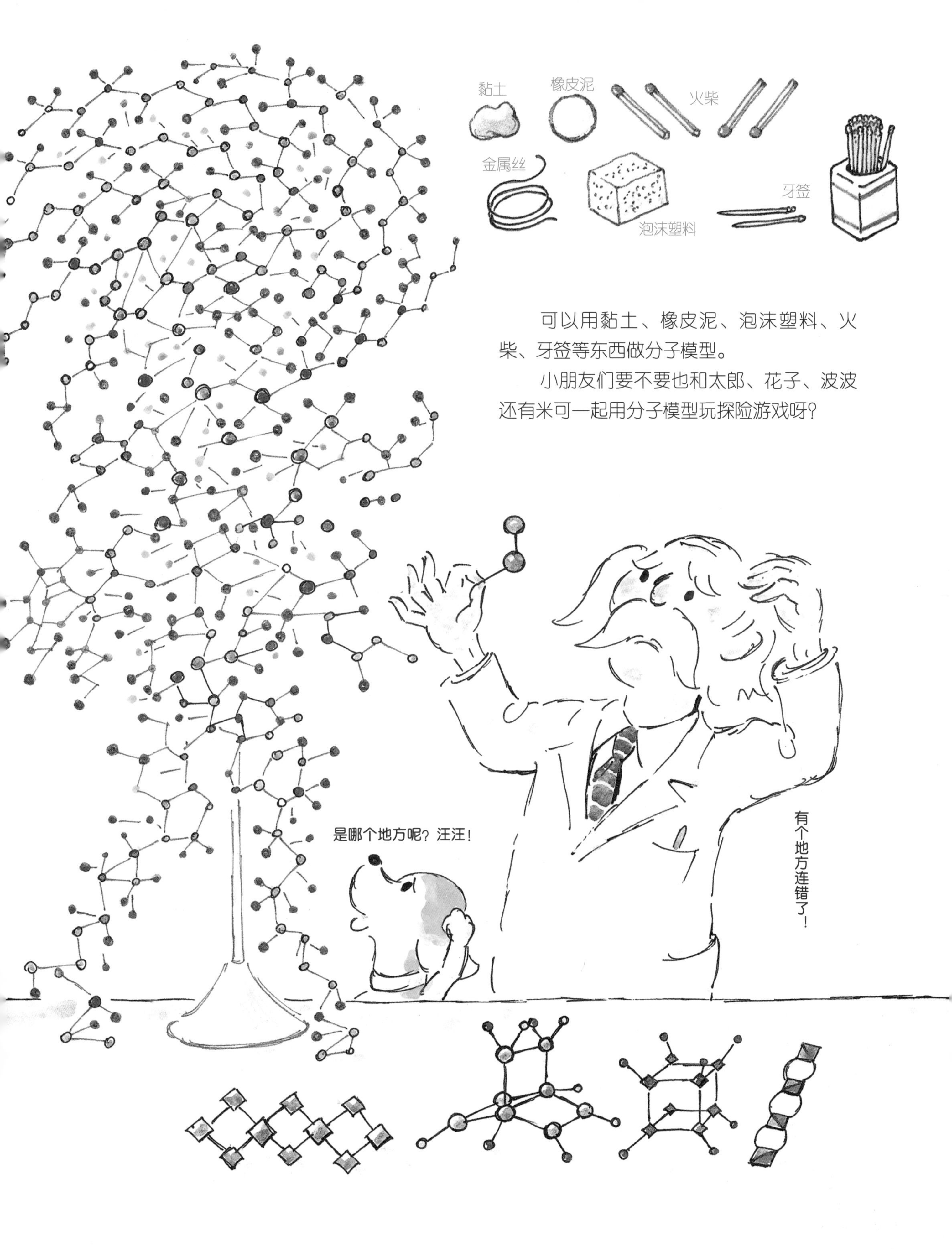

可以用黏土、橡皮泥、泡沫塑料、火柴、牙签等东西做分子模型。

小朋友们要不要也和太郎、花子、波波还有米可一起用分子模型玩探险游戏呀？

3.科学探险

现在，太郎、花子、波波、米可和小朋友们都明白了一个原理：物质是由分子、原子等构成的，原子和原子手拉手或相互反应形成了各种化合物。

制取各种物质的过程离不开科学实验。人们不断尝试新的想法、不断探索和发现新的道路，从而促使科学大踏步前进。

这就是发现未知物质的科学探险之路。

进行这次探险之前我们需要做很多准备工作，包括准备实验仪器。

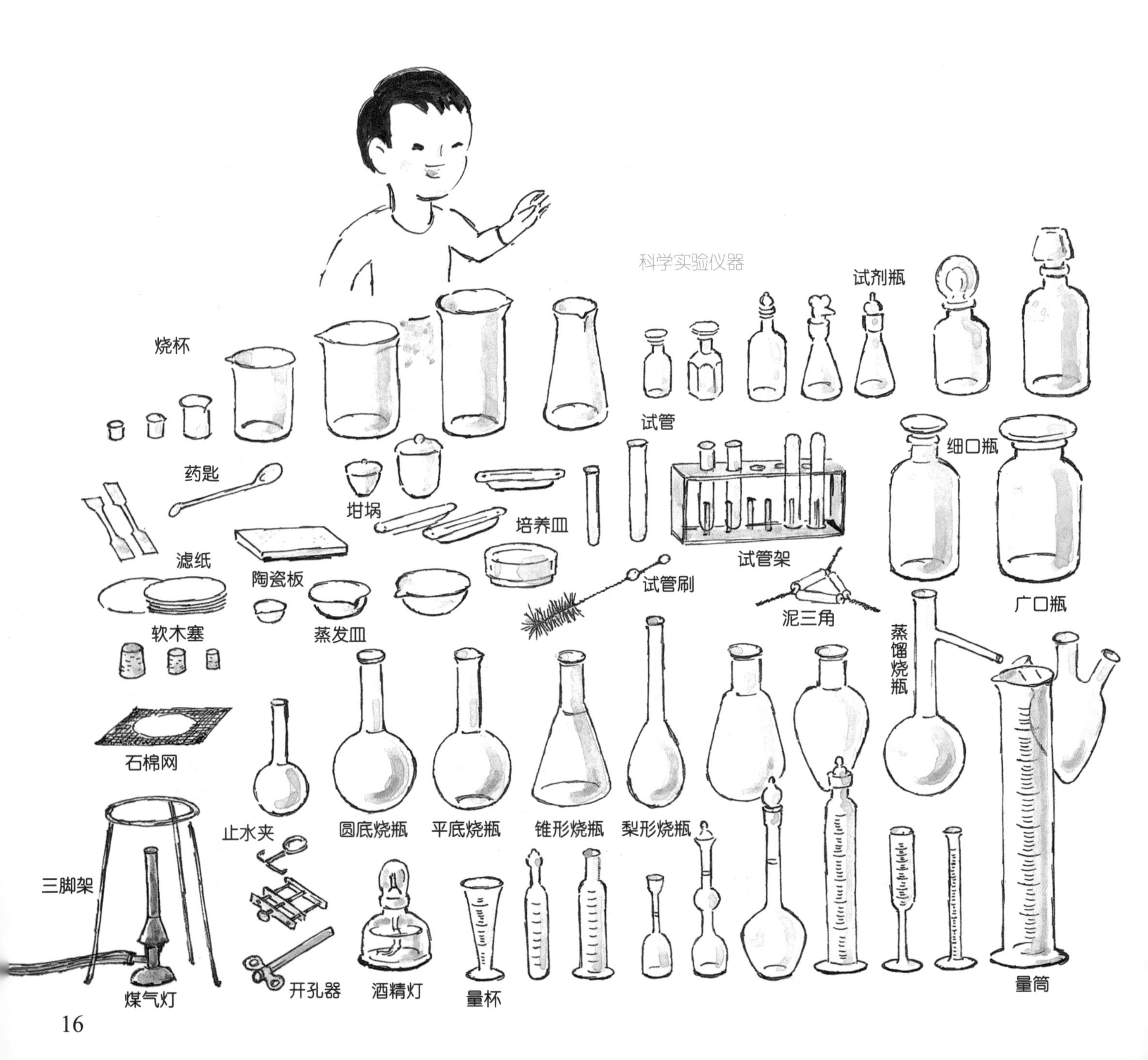

科学探险经常会用到烧杯、烧瓶等仪器。通过这些仪器，我们能清楚地观察到随着化学反应的发生，物质的颜色或状态在发生什么样的变化。

此外，还会用很多不同种类的仪器来实施盛装、测量、取出、移开等操作。

花子发现探险仪器中掺杂着一些之前拿来的厨具。

小朋友们能将图中的科学实验仪器和厨具区分开吗？

仪器准备完毕之后，就该准备探险要用的药品了。

有些大块的固体药品须提前捣成颗粒状或粉末状。碾碎或捣碎块状固体药品时必须选用结实的实验仪器。

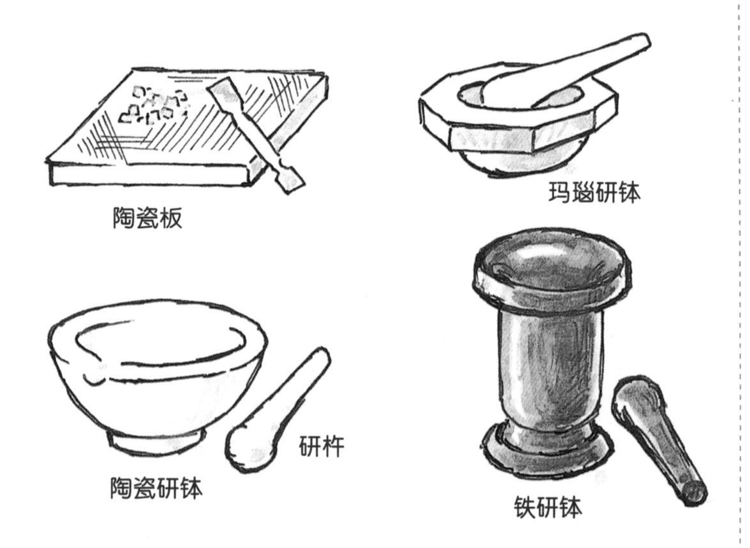

这跟妈妈在厨房里做菜时在砧板上切碎或用研钵捣碎食材的做法是一样的。

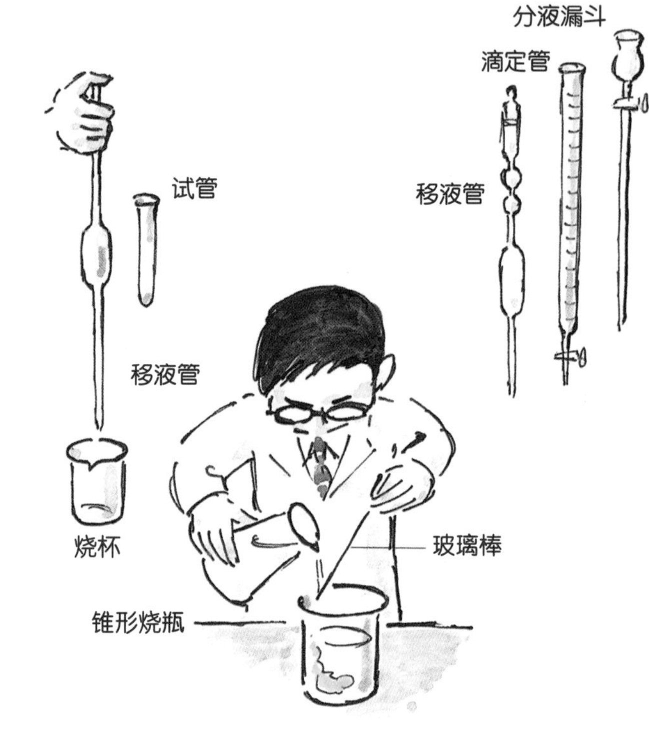

滴入液体时要一滴一滴地加，并且不断搅拌，以免造成不均匀的现象。

怎么样，跟妈妈在厨房里熬制清汤或酱汤时的做法很相似吧？

探险中要用到的药品该以什么顺序加入、用量各是多少等都必须提前定好。

例如，先倒什么溶液，倒多少；然后加什么粉末，加多少；接下来再加1滴什么溶液……

这和做菜很相似哦！

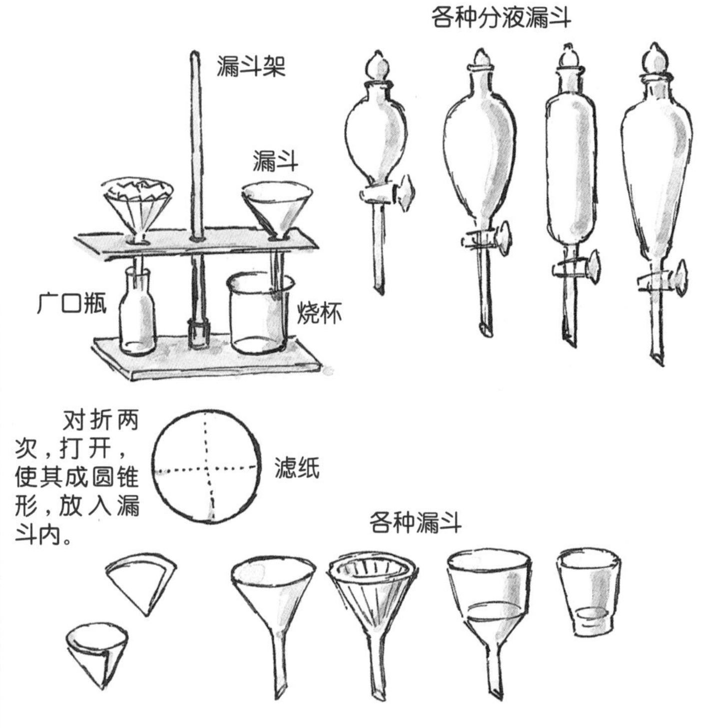

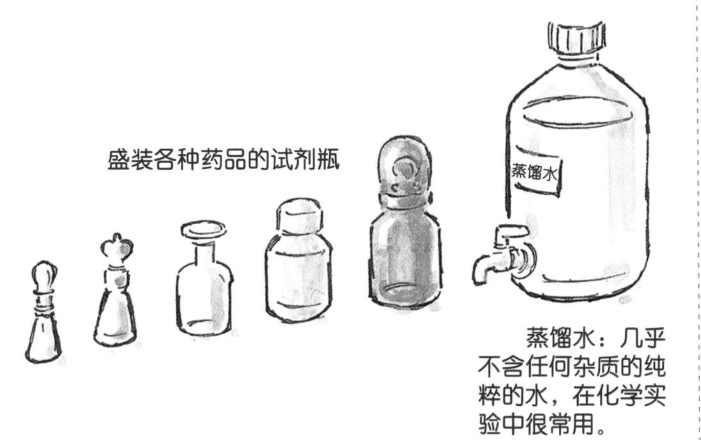

通过实验生成的物质要用滤纸和漏斗分离，或只取沉淀后上层澄清的部分。

这和泡茶、煮咖啡的过滤程序是一样的。

为了烹制出可口的菜肴，妈妈会事先想好放调料的顺序。例如，先放糖，然后放盐，接下来依次放醋和酱油，最后放味精*。按照这样的顺序才能烹制出味道最佳的菜肴。

*味精的化学名称是谷氨酸钠。

好了，现在仪器已经准备完毕，药品的加入顺序也定了，终于可以开始探险之旅了。在原子和分子的探险过程中，我们可以采用很多种科学实验方法哦！

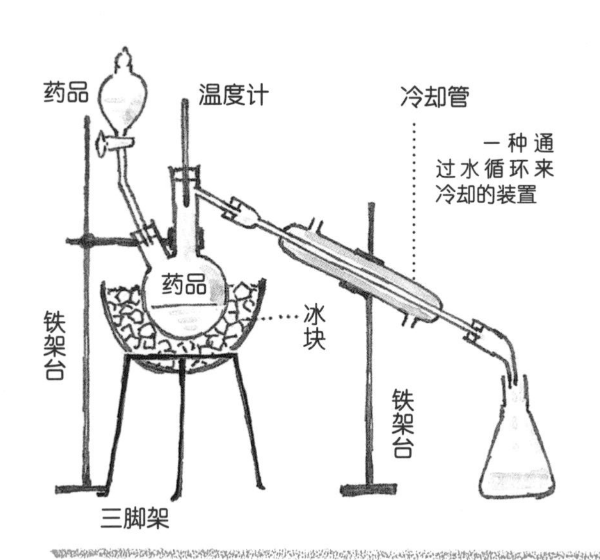

有时，我们将一种药品加到另一种药品中时，它们会发生剧烈的反应。这时要用冰块来冷却。

要将液体B加到固体A中以制取气体C，我们要用到的仪器是启普发生器。

打开活塞1，液体B会流入2中，然后渐渐进入3，与固体A接触，生成气体C。关闭活塞4，在气体C的压力作用下，液体B会被压回到2中，化学反应就此停止。

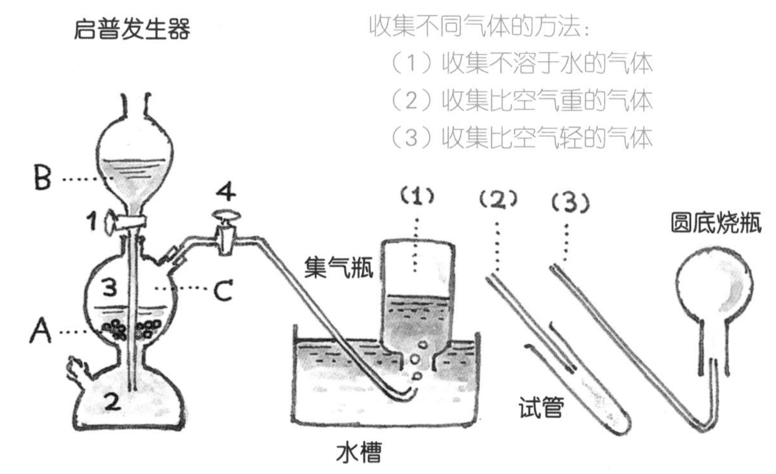

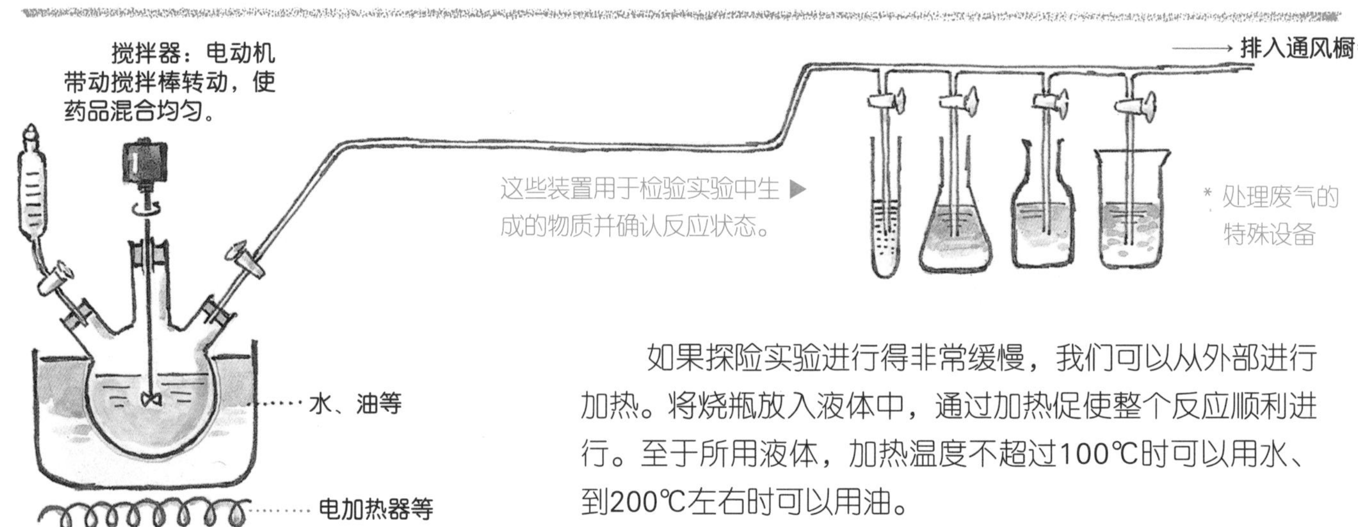

如果探险实验进行得非常缓慢，我们可以从外部进行加热。将烧瓶放入液体中，通过加热促使整个反应顺利进行。至于所用液体，加热温度不超过100℃时可以用水、到200℃左右时可以用油。

如果要加热到更高的温度，可以用酒精灯、煤气灯等直接加热容器；还可以加热能在高温下熔化的金属或药品等，再将装有药品的容器放入其中，来加快整个化学反应的进程。

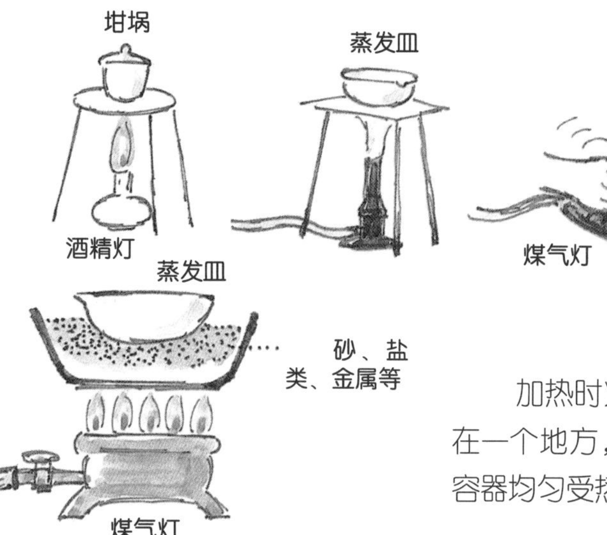

加热时火焰不能集中在一个地方，要慢慢地让容器均匀受热。

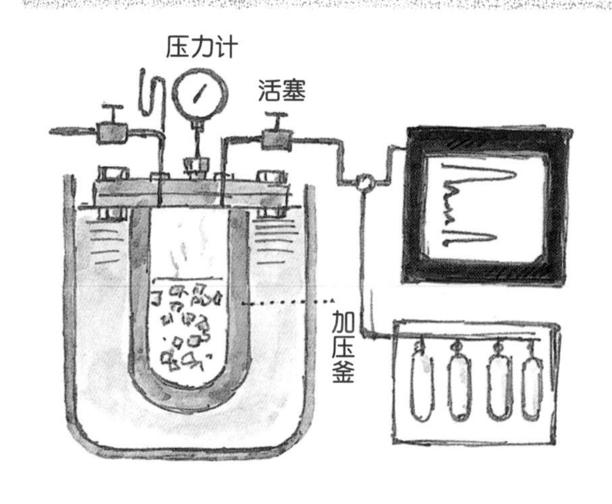

有时候，不仅要加热，还要增加压力，才能使反应顺利进行。这个时候就得利用加压釜。加压釜由可有效耐压的特殊材料制成，由压力计、活塞等部分组成。

需要加压的化学反应用到的实验装置具体操作起来就跟攀登珠穆朗玛峰或开展极地探险一样有一定的危险，所以一定要注意安全哦！

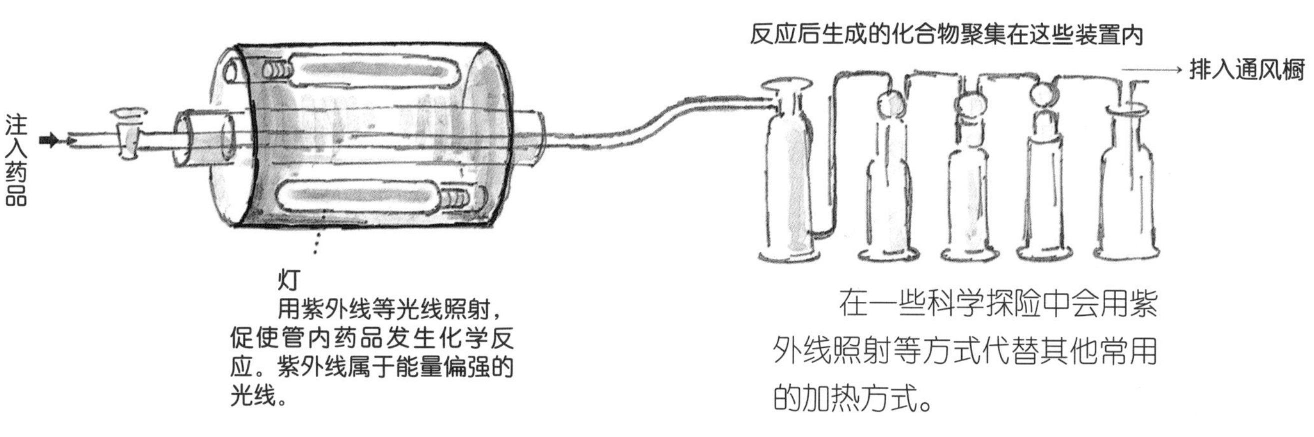

在一些科学探险中会用紫外线照射等方式代替其他常用的加热方式。

如果需要更高的温度，可以将需要加热的药品装在陶器中，放入炉内加热。炉子可用电或者煤气供热。

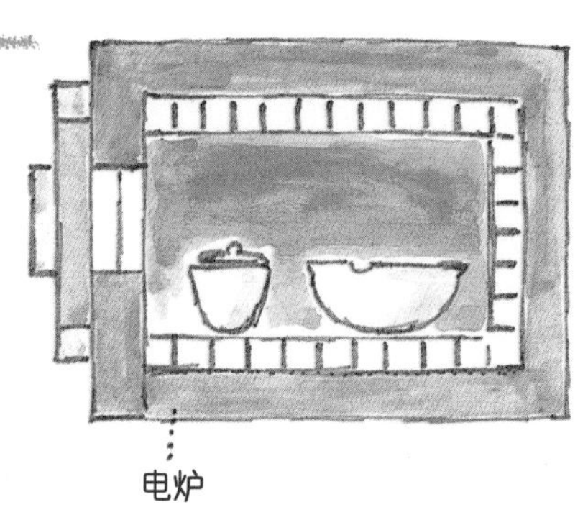

现在，让我们挑选一些简单、易操作的仪器，用最简单的方法来开始原子的冒险——科学大探险吧！

探险时难免会遇到各种危险，甚至会发生意想不到的事故。所以，在开始之前，我们一定要穿好实验服、实验靴，并戴好护目镜！

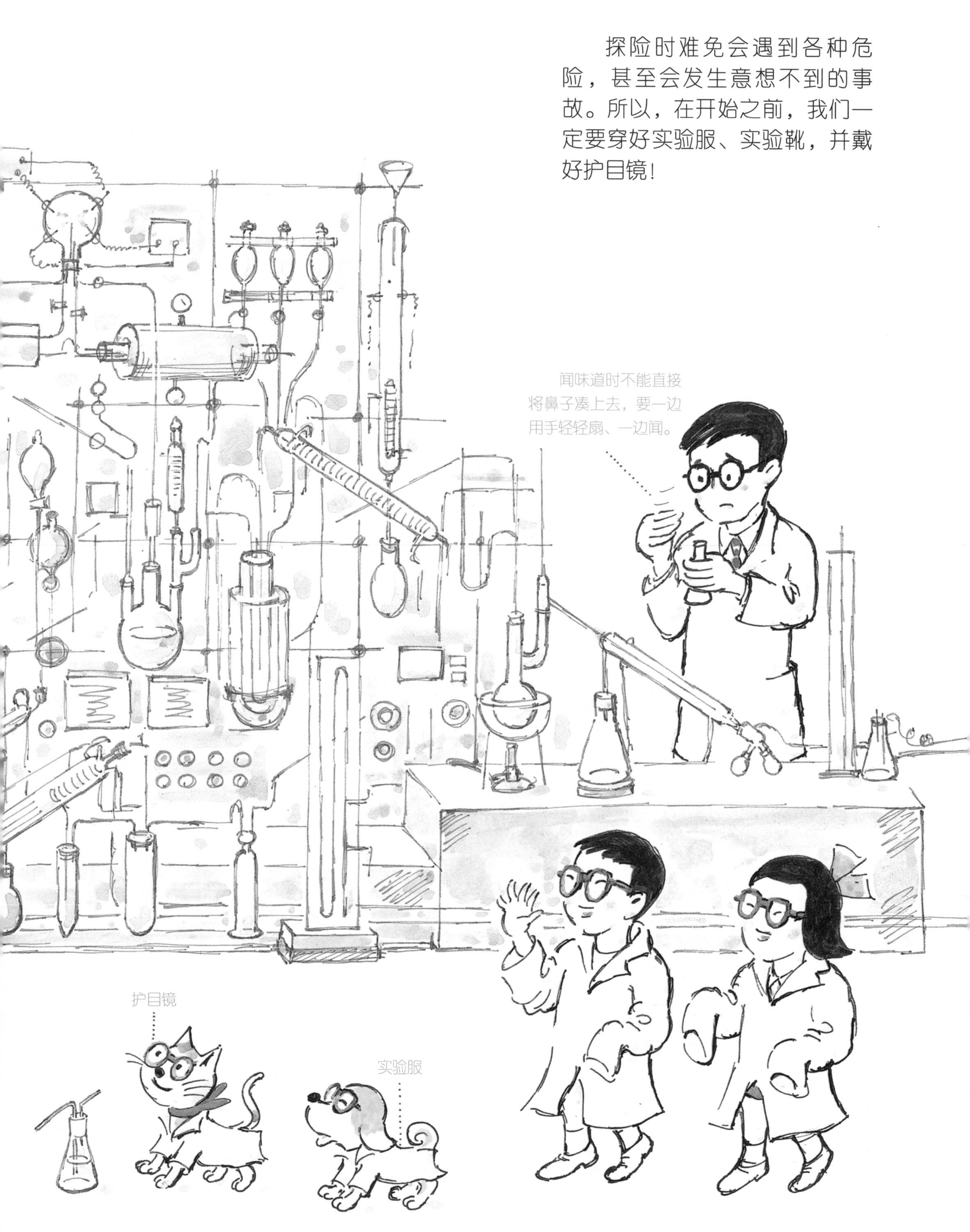

4.厨房实验

通过前面的实验和说明，大家有没有发现科学实验方法与厨房里的操作非常相似，而且实验仪器与厨具也有相似之处呢？

没错！做科学实验确实在很多地方类似于烹饪，因而对烹饪很有参考价值！比如，经过煮、烤等过程，食材会变软，成为味美可口的饭菜。这是因为食材经过化学反应发生了变化。看，烹饪和做科学实验很相似吧？

妈妈在切紫甘蓝。

用力挤紫甘蓝、紫苏叶等蔬菜时，流出的紫红色汁液和科学实验室中用于测试酸碱度的石蕊试纸具有相同的功效。物质的酸碱度不同，测试时汁液的颜色也会相应地发生变化。红茶加了柠檬后颜色会变浅也是相同的原理。

所以，妈妈会在切好的紫甘蓝中加醋和蛋黄酱，让蔬菜的颜色变得更鲜艳动人，味道更鲜美可口。

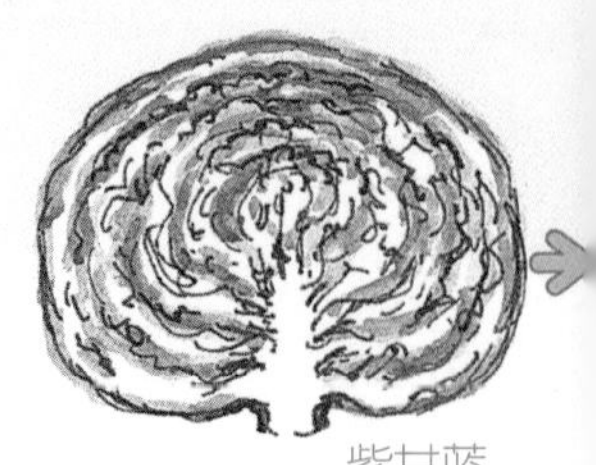

紫甘蓝

pH

pH值用于表示溶液的酸碱度

紫甘蓝沙拉

不同酸碱度对应的颜色变化表

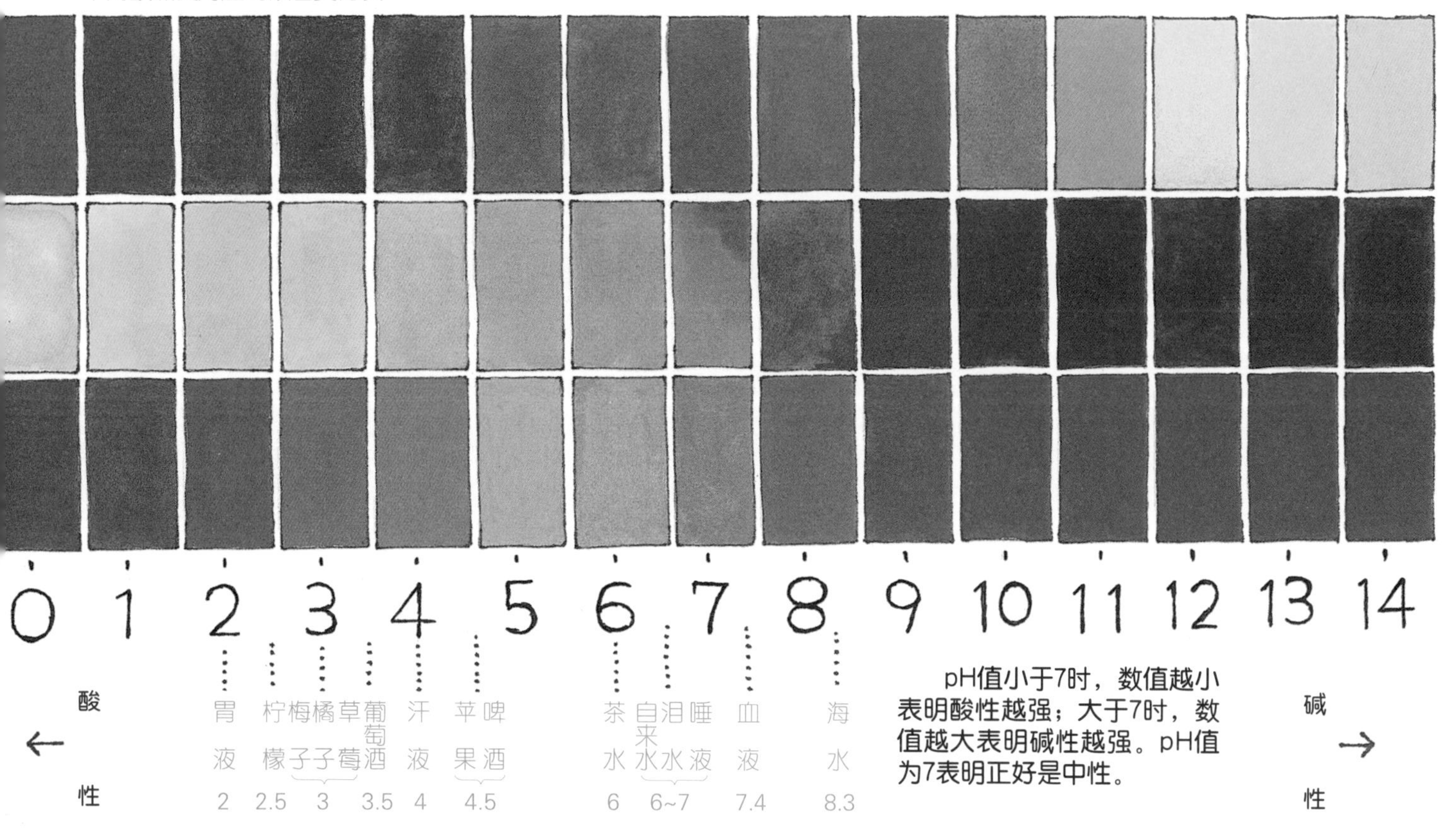

咦！妈妈为什么在流泪呢？原来，不是因为发生了令她人伤心的事，也不是因为做家务太辛苦，而是因为她正在切洋葱。

洋葱中含一种刺激性很强的化合物，在洋葱被切开时容易变成气体挥发出来。

不过，这种化合物一旦受热，就会变成比糖还要甜几十倍的物质。*

所以放了洋葱的料理稍带甜味，非常味美可口。

害妈妈流泪的洋葱……

经烹煮会带点儿甜味

变成可口的料理！

* 洋葱中那种刺激性很强的化合物名叫烯丙基丙基二硫醚，一旦受热就会变成带有甜味的丙硫醇。

我们在厨房里常用火加热食物，可用的烹饪方式有很多。

焯、煮

有些食材放入滚烫的水中焯一下会变得软烂易嚼。焯水可以去除蔬菜（如菠菜、竹笋等）中的涩味*，使其变得更加鲜嫩可口。

* 有些食材口感较涩是因为其中含草酸、丹宁酸、植酸等物质。

炖、熬

一些食材（如米、萝卜、关东煮等）在炖熬过程中会大量吸收水分，膨胀变软，从而易于消化*。

* 比如，在煮米饭的过程中，米粒中难消化的 β 淀粉会转化为浆糊状易消化的 α 淀粉。β 淀粉是呈颗粒状的细小结晶体。

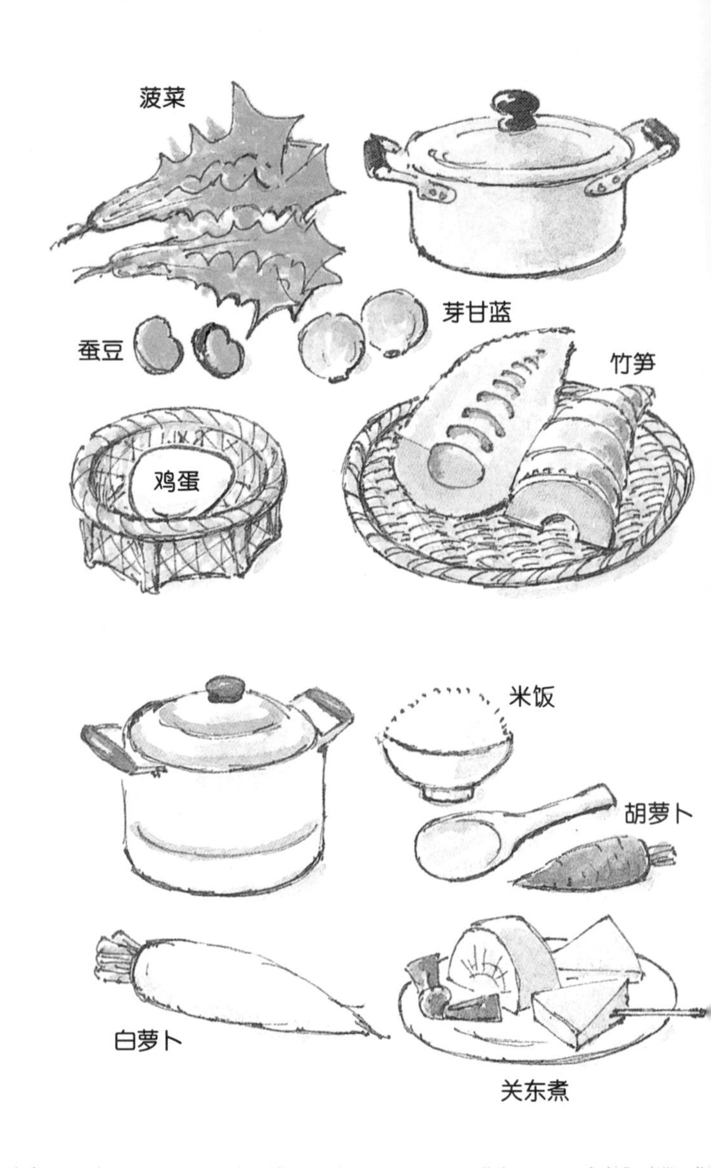

除了加热，我们还可以通过冰镇、冰冻等方式做出很多美食哦！

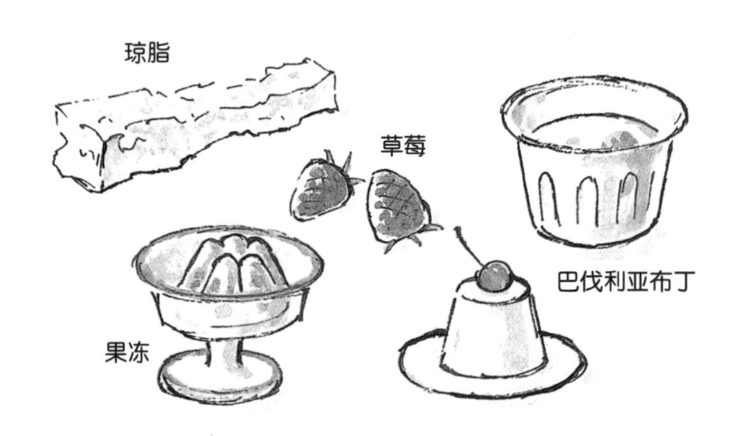

晾凉、冷却

将琼脂*或明胶**放入水中，加热使其充分溶化，然后倒入装有草莓的容器中冷却。等混合物彻底凝固后，将其从容器中扣出，便成了一道味美可口的甜品。

* 琼脂的主要成分是琼脂糖和琼脂果胶这两种碳水化合物。经水煮它们会溶化，冷却至40℃左右会凝固成果冻状。琼脂可以从红海藻中提取。

**明胶的主要成分是蛋白质，可选用牛骨头等原料制作。它不能高温煮沸，否则其中的蛋白质会变性，即使冰镇也很难凝固成果冻状。

蒸、焖

有些食材可以不用水煮，而是利用热的水蒸气*使其膨胀，变成软烂易嚼的美食（如红薯、红豆饭、粽子等）。这种烹饪方式不仅有助于保持食材中的水分、不破坏食材原本的味道，而且能让食材的形状完好无损。

* 水被加热到100℃会沸腾，变成水蒸气。水分子疏松地连接在一起时水就呈液态；一旦这些连接被切断，水会变成水蒸气；相反，如果水分子紧密地连在一起，水就会凝结成固态的冰。分子之间因距离发生变化而使物质的存在状态发生改变，这是一种常见的实验现象。

煎、炒

有些食材（如青椒、洋葱、黄豆芽等）用高温烹制时其中的水分会流失，同时油及各种调味料会渗入*，于是变成味美可口的料理。

* 有些食材尤其是蛋白质受热容易变性，固态的脂肪受热后也会熔化。总之，这些食材在受热的过程中，会发生复杂的化学变化。

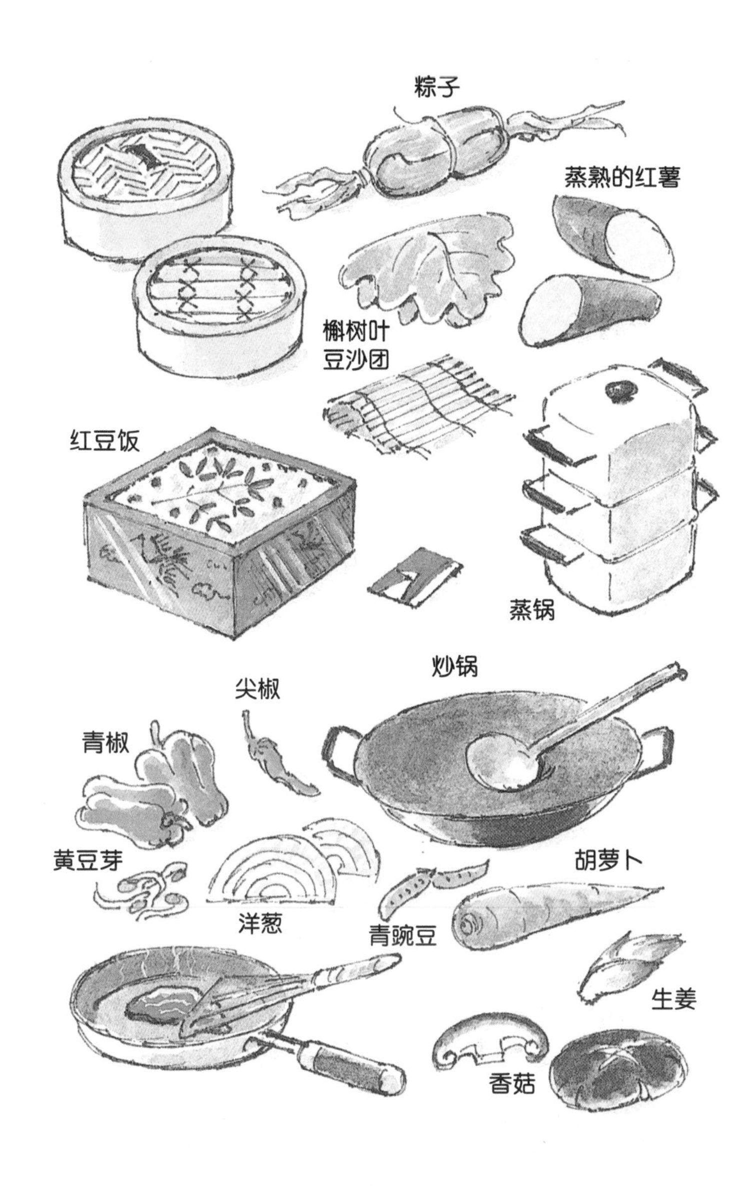

冰镇、冰冻

将橘子香精、水和白砂糖混合均匀，盛入杯中，放入冰箱冰冻。其间不时取出来搅拌一下，以防混合物彻底凝固，这样就可以做出爽口的果子露或冰沙了。

蒸、煮、煎、炒、冰镇、冰冻等烹饪方式和科学实验方法是对应的。让食物发生化学变化，变成更易于食用、更味美可口的食物，人类真是太有智慧了！

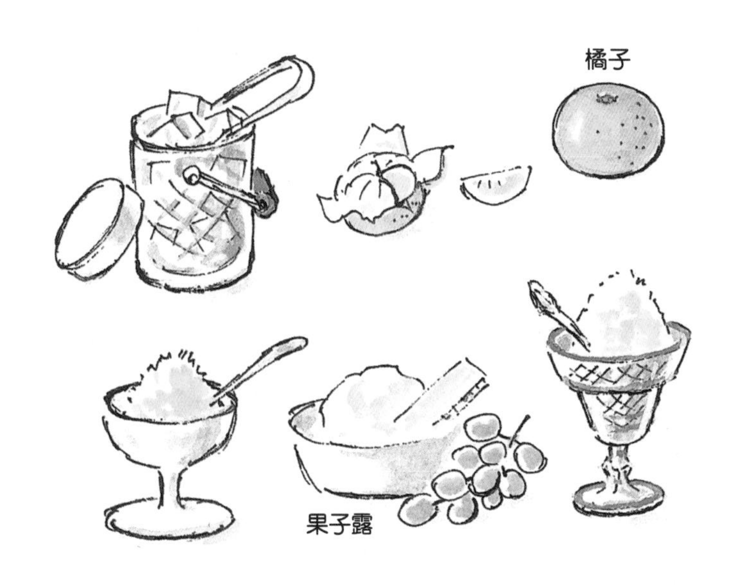

就在太郎和花子做冰沙的时候，妈妈把肉和蔬菜穿到了金属扦子上，准备制作烤串。

肉经加热，其中的蛋白质会变得容易消化，多余的油脂会熔化，水分会蒸发。

烤过的食材表面缩紧，美味尽锁其中，香味浓郁。波波和米可喜欢的那种芳香开始在整个屋内弥漫。

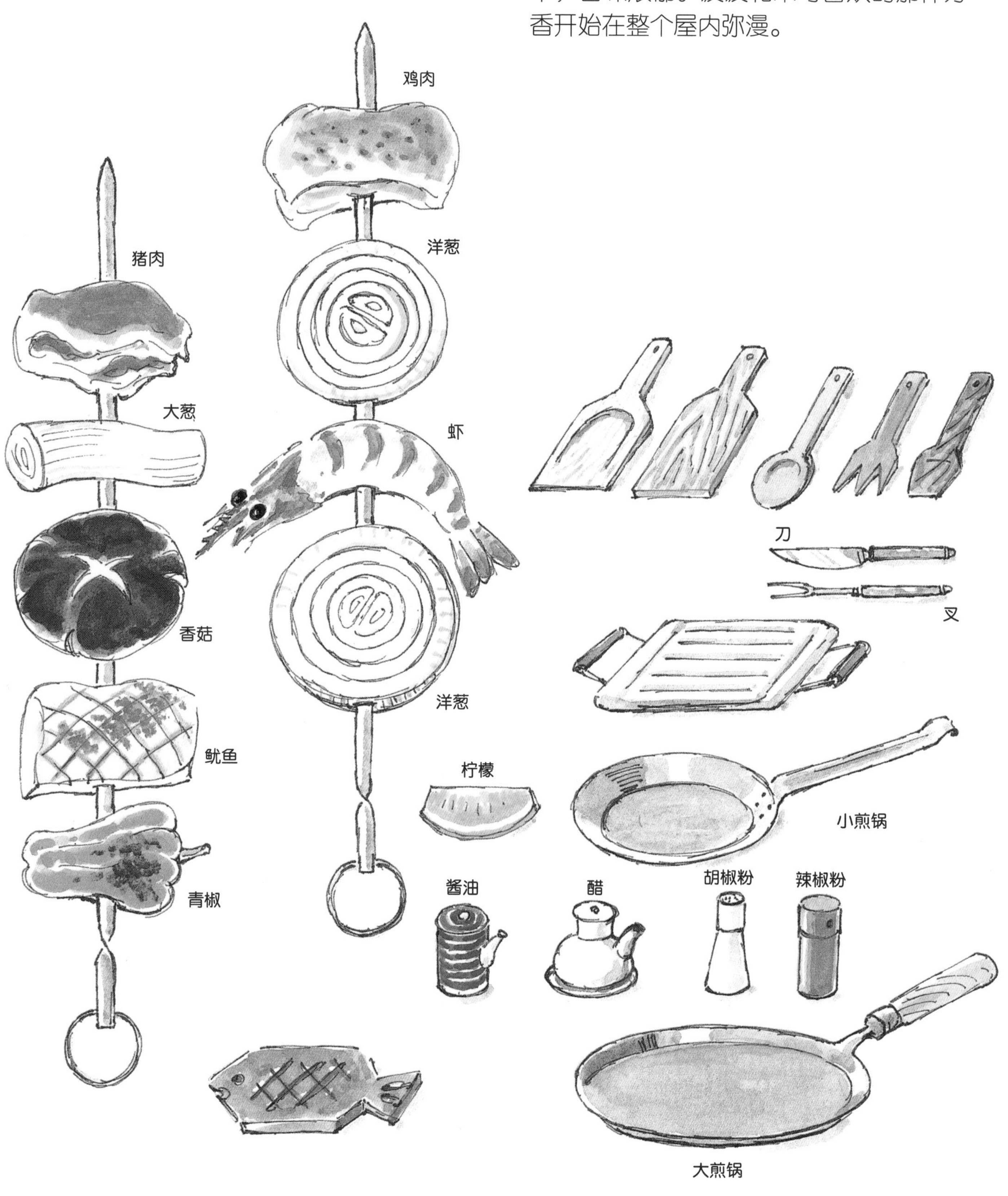

接下来，妈妈要炸天妇罗了。

这可是一个很有趣的实验哦！在新鲜的蔬菜或鱼的表面挂一层面糊，然后裹上面粉或面包糠。

轻轻将其放入热油中，由于油温很高，面糊中的水分会迅速蒸发，淀粉也会瞬间凝固，变成容易消化的物质。

而且，面糊中的水分向外蒸发，正好可以阻止外部的油渗入。

天妇罗外层挂的面糊在油炸过程中会变成金黄色，同时，热气也会渗入其中，于是鱼和蔬菜都变得极为香嫩酥脆。

不管是烤烤串还是炸天妇罗，烹制过程中都发生着复杂的化学反应。怎么样，现在大家都明白其中的原理了吧？

*炸天妇罗时油锅中会溅出小油滴，一不小心就会溅到眼睛里，小朋友们千万不要靠得太近哦！

让大家翘首企盼的美食终于全部烹制完成了。餐桌上摆着妈妈在厨房这个“实验室”里通过“科学探险”烹制的各种美食。做出如此多美味佳肴的妈妈，真是一位了不起的科学家、实验员，更是一位烹饪艺术家。

厨房里的工作就是利用盐、蔬菜、油、锅等各种原料和工具，创作出色、香、味、形俱佳且营养均衡的“艺术品”。

从另一方面来说，科学家的工作就是通过研究物质分子、原子等的结构和运动，寻找和创造有益于生活的新物质。

让大家久等了！现在请尽情品尝妈妈在厨房实验室里创造的各种美味吧！

祝大家健康快乐！

加古里子（1926 年 3 月 31 日—2018 年 5 月 2 日）

日本绘本作家，儿童文学作家，工学博士。1926年生于福井县。1948年毕业于东京大学工业部后任职于化学公司。1973年退休后，历任东京大学、东京都立大学、横滨国立大学等学校的教师，主讲儿童问题等方面的课程。业余从事绘本、纸芝居、戏剧的创作和儿童游戏的调研工作。主要作品有《河流》《大海》《你的家我的家》《地铁开工了》，以及“加古里子的身体科学绘本”系列（全10册）、“加古里子虫牙绘本”系列（全3册）、“加古里子科学绘本”系列（全10册）等。

著作权合同登记号　图字：01-2013-2555

图书在版编目（CIP）数据

原子的冒险 /（日）加古里子著；金海英译. —北京：北京科学技术出版社，2020.9（2021.5 重印）
ISBN 978-7-5714-1046-9

Ⅰ. ①原… Ⅱ. ①加… ②金… Ⅲ. ①原子—儿童读物 Ⅳ. ① O562-49

中国版本图书馆 CIP 数据核字（2020）第 122518 号

策划编辑：徐盼盼
责任编辑：刘　洋
封面设计：韩庆熙
图文制作：北京地大天成印务有限公司
责任印制：张　良
出 版 人：曾庆宇
出版发行：北京科学技术出版社
社　　址：北京西直门南大街 16 号
邮政编码：100035
ISBN 978-7-5714-1046-9

电　　话：0086-10-66135495（总编室）
0086-10-66113227（发行部）
网　　址：www.bkydw.cn
印　　刷：北京捷迅佳彩印刷有限公司
开　　本：889mm×1158mm　1/16
字　　数：25 千字
印　　张：2
版　　次：2020 年 9 月第 1 版
印　　次：2021 年 5 月第 2 次印刷

定　　价：45.00 元

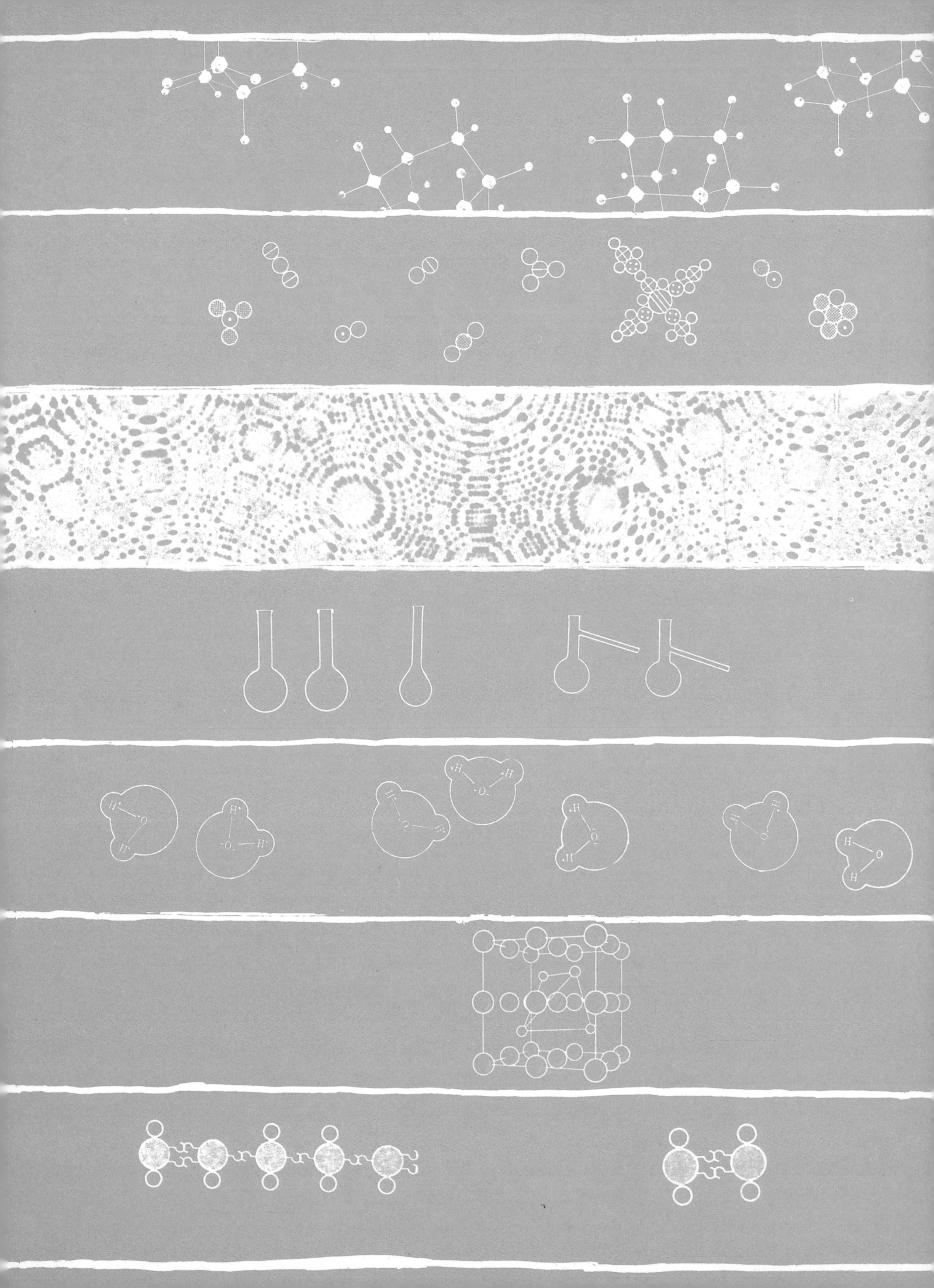